Salad dressing

荒島食驗家 2

野薑花煮魚

王宇清 文　rabbit44 圖

前情提要

阿海和蘇蘇錯過了……要送他們去島上的船，在他們的目送下漸漸駛遠。這時，一艘浮誇的遊艇出現在眼前。難道，這是老天派來拯救他們的嗎？

這是妲雅的船，疼妹妹的凱文堅持要開船送她去，沒錯，正巧就是阿海和蘇蘇要去的那座島。

就這樣，一行人在藍天白雲的陪伴下，愜意的朝向小島前進。

突然間，所有的聲音嘎然而止。

船把他們送到了一座杳無人煙的小島，而且不負責任的壞了！

他們必須野營，而且更有挑戰的是，要照顧自己的一日三餐。

沒想到，要尋找食材並且煮成食物，竟然是這麼困難的事！光煮熟都有難度，更別提美味了。

就在他們逐漸適應島上生活時，第一個考驗——暴風雨，也尾隨他們到了小島。而凱文卻在此時病倒，他們該如何度過這場風雨呢？

目次

作者的話

集眾人之力，煮出一個好好吃的故事

王宇清

各位小朋友大家好：

《荒島食驗家》正式進入第二集囉，感謝你們的支持！

讀完第一集的故事後，有沒有立刻動手做料理的衝動呢？你們看，光是國民美食——泡麵，就能玩出各式各樣的變化，真是太有趣了。就算手邊沒有過貓，相信你們也有很多可以加進泡麵中，製造驚奇的食材，對吧！

其實，只要多動手，很快就會了解，掌握一些基本的原則後，烹飪就像繪畫、音樂，可以隨心所欲。不需要太嚴肅，也沒有一定需要完全遵循的食譜。放鬆心情，動動腦思考手邊的素材，每個人都能發揮創意，做出美味又獨特的創意料理。誰說料理一定要看起美美的？暗黑料理也可以讓人食指大動，吃得飽飽飽。

在第二集的故事裡，四位主角將更加深入這座神祕的荒島。他們會經歷什麼奇特的體驗？找到什麼奇特的食材？又會做出什麼奇妙的料理呢？

讀起來輕鬆逗趣的《荒島食驗家》系列，其實是集合眾人之力才得以完成的作品。我想在此特別感謝我的夥伴：想法鮮活又鬼靈精的責任編輯鄭伃小姐給我開闊的書寫自由，細心潤校並為書的整體注入滿滿創意活力；風格、趣味、技法皆滿點又能兼顧寫實細節的 rabbit44 老師，以精采的插畫為故事增添神奇魅力。文字感性敏銳的梁雅琪老師，耐心梳理文脈，而她對料理的熱愛與熟稔，使得故事中食材與烹飪的描述，得以細膩又精采。

我們就如同故事中的妲雅、凱文、阿海和蘇蘇，各司其職，缺一不可，盡心為讀者烹調色香味俱全，充滿創意的故事料理。

我很榮幸能有這樣的「荒島故事團隊」。

最後，也最重要的是，希望每個小朋友，都能在《荒島食驗家》的世界裡，忘記煩惱，得到樂趣。

對了，有機會的話，真想看看你們的創意（暗黑）料理，一定會讓我大開眼界、大吃好幾驚（斤）吧！

我相信，每一個人的體內，都有一個小廚神。

啊——先別走，還有一件事情。

第二集之後，敬請期待第三集，將有更精采的神．展．開喔！

洞穴

暴風雨咆哮著伸出狂暴的利爪，試圖將整座島嶼撕裂。一向溫和的島嶼，在風雨挑釁下發出了怒吼。雙方對峙，天地變色，彷彿末日來臨。

一步、兩步、三步……，靠著手電筒微弱的光亮，妲雅勉強看見腳下的路，越深入洞穴中的黑暗，就越遠離外面暴烈的風雨，恐懼和安心同時猛烈壓縮著她砰砰狂跳的心臟，她不知道該不該停下腳步，直到撞上前方的物體。

「哇啊——」妲雅放聲尖叫。

「噓，你撞到的是我啦！」阿海壓低聲音慌張的安慰妲雅，他好怕尖叫聲引來什麼可怕的東西。

「你幹麼突然停下來！」妲雅忿忿的抱怨。

「我是因為……」

「先別吵，我們趕快找地方讓凱文哥休息。」就在兩人要吵起來時，蘇蘇的話讓他們頓時安靜下來。

當微弱的光線照映出哥哥慘白的臉，妲雅不敢再和阿海鬥嘴。蘇蘇和阿海確認了的地面的狀況，讓凱文坐下靠著岩壁休息。

他們放下行李，妲雅瑟瑟偎在哥哥身旁。

每個人都疲累得失去了聲音。

阿海和妲雅在倉皇無奈的情況下首次進到洞裡，蘇蘇則是第二次進到這個洞穴；上一次在諾諾的陪伴下，她只敢在洞口探頭張望。雖然這個洞穴像是一道魔法結界，將狂暴的風雨穩穩擋在外頭，但洞穴裡的黑暗仍帶給他們莫大的不安。

諾諾挺直著身子坐在不遠處，警戒的豎起耳朵。

恐懼讓他們繃緊神經，就連彼此的呼吸都清晰可聞，他們張大眼睛在黑暗中戒備著。

這洞穴是某種猛獸或者妖魔的藏身處嗎？三個人儘管疲憊不堪，卻不敢闔眼，也忘了飢餓。

妲雅緊挨著哥哥，好不容易止住顫抖。黑暗讓她害怕，洞穴讓她害怕，哥哥生病讓她害怕，她手足無措，感覺全身力氣盡失。

另一方面，她還是很生氣。她依然認為自己的帳篷足以應付風雨。她覺得蘇蘇小題大作，害得自己現在這麼狼狽。

「不用擔心，我想我們很安全。」不知過了多久，蘇蘇打破沉默。她不只是對著阿海說，也是對著妲雅說。

聽蘇蘇這樣說，阿海安心不少。

蘇蘇知道妲雅害怕，卻不知道怎麼安撫她。妲雅情緒來的時候像隻刺蝟，蘇蘇並不遲鈍，但討厭爭吵，她能感覺到妲雅不時用憤恨的眼神盯著自己，也只能裝作不知道。

為了節省電力，蘇蘇建議把手電筒關掉，必要時再打開。畢竟，沒人知道風雨會持續幾天。

可是妲雅不願意。平時在帳篷外至少有營火，哥哥也會安撫她，但這個山洞就是讓人莫名的恐懼，總覺得黑暗裡潛伏著可怕的東西，隨時會冒出來。

蘇蘇和阿海輪流守著凱文，幫他擦汗，餵他喝水。過了半夜，風雨慢慢減弱。凱文的高燒似乎隨著風雨漸漸退去，他也沉沉睡去，發出均勻的呼息聲，讓大家都鬆了一口氣。

一整夜的極度緊繃，他們疲累到極點；疲累讓這個夜晚異常難熬。

昏昏沉沉中，三個孩子想起了自己溫暖的房間，舒適的床，軟綿綿的棉被；平時，自己早在床上呼呼大睡了。家人現在睡著了嗎？或者，也因為他們的失蹤而痛心失眠？想到這裡，受困荒島以來的害怕、緊張、絕望、辛苦……突然湧現，淹沒了他們，三人全都落下淚來。

渾渾噩噩中，阿海感覺到有東西一步步逼近。

他睜大眼睛，拚命想看清楚那究竟是什麼，可是放大到極限的瞳孔，除了黑暗，什麼也看不到。他想出聲警告其他人，卻發現自己發不出半點聲音，身體動彈不得。

他清楚的感覺到，那東西湊近他的臉，一道陰冷腥臭的呼息吹在他的臉上。

「我、要、把、你、們、全、都、吃、了！」

「哇啊！」阿海終於找回了聲音，「救命啊！」

「阿海，你沒事吧？做惡夢了嗎？」

「啊……」迷迷糊糊中，阿海回過神來，意識到那是蘇蘇的聲音。

「原來是惡夢，嚇死我了。」

「別怕，我們都在。」蘇蘇說。

「妲雅呢，妲雅還好嗎？」阿海問。

妲雅沒回話。

「大概睡著了……」

「嗯。」蘇蘇回答。

「凱文哥還好嗎？」阿海起來檢視凱文的狀況。

「睡得很熟。」

「換你睡一下吧，我來照顧。」阿海提議換手。

「好，麻煩你了。」

其實妲雅根本沒睡，她又氣又怕，又不想被人家看穿。只能緊緊縮在哥哥身旁。

睡在這什麼鬼洞、外頭那什麼鬼天氣，都是蘇蘇那個討厭鬼的壞主意！

奇怪的罐子

當早晨來臨時，小島贏得了勝利。狂傲的風雨撤退得不見蹤跡，天空撒下歡騰的金光。

陽光照射，讓洞穴明亮了許多，也喚醒了三個孩子。

真是不可思議的洞穴——至少蘇蘇是這麼認為的。洞穴的位置很巧妙，洞穴裡的石壁反射光線也反射得很巧妙。

「哇，好多陶罐。」蘇蘇和阿海終於放下心中大石頭，這也才敢在陽光的陪伴下觀察這個山洞。

他們發現洞穴的最深處，擺放了好多或大或小的陶罐、陶盆還有陶盤。陶器上，雕刻了精緻的花紋。

「我們或許可以拿這些陶器來使用。」蘇蘇說。

「這樣好嗎？」阿海露出不安的表情。「不知道這原來是做什麼的，蘇蘇不怕嗎？」他打了一個哆嗦。

「有一點，可是以後在這山洞生活，我們會需要這些陶罐。」蘇蘇說。

「誰要在這邊生活！」原本還縮在哥哥身旁的妲雅，一聽見蘇蘇說要在這黑漆漆的山洞裡生活，整個人跳起來。

妲雅仍在生氣——要不是蘇蘇急著走，她心愛的帳篷一定可以帶過來的。

「要住你們自己住，我要回去找我的寶貝帳篷。」妲雅倏地起身，朝洞口走去。

「喂，妲雅！你要去哪兒？」阿海著急喊住她。

「我要回『我的』帳篷！」

「外面剛下過大雨，很危險。」蘇蘇出聲制止。

蘇蘇的話在妲雅聽來十分刺耳。她假裝沒聽到，加快腳步，最後竟小跑起來。

「諾諾走！陪我找帳篷。」

諾諾跟在妲雅的身旁，她很開心諾諾選擇了自己。

「妲雅！」阿海大喊。

「你留在這邊照顧凱文哥。」蘇蘇追了出去。

「妲雅，危險！」這妲雅，跑起來還真快！蘇蘇在後頭使勁追著，「而且，你跑錯邊了……」蘇蘇在心中嘆氣。

聽見追出來的是蘇蘇，妲雅就更不想回頭了。雖然她是養尊處優的大小姐，但是她可是個貨真價實的跑步高手，全班第一，連男生都追不上。

哼！妲雅就想把蘇蘇狠狠的甩在後面。

「汪！」諾諾大聲吠了一聲。

「噓，諾諾乖！不要出聲，我不想讓討厭鬼追上我。」

可是諾諾突然剎車，站在原地。妲雅只得停下來，喚了幾聲，諾諾還是不願意走。

「算了！我自己去！」失望之下，妲雅語氣變得凶巴巴，諾諾哀傷又手足無措的坐了下來。

妲雅趁著眼淚還沒掉下來之前，轉身離開。

雨後的山路，的確很溼滑，妲雅幾次差點滑倒，幸虧自己的反應靈敏！妲雅有些得意。

她自顧自的往前走了好長一段路，心中隱隱察覺：似乎走錯路了！可是，她這麼聰明，怎麼可能搞錯？

她想回頭，一轉身，竟是全然陌生的景象，除了綠色，她認不出任何一種東西。

「妲雅！」身後傳來蘇蘇的叫喚，「你走錯路了！」

「汪汪！」諾諾像是附議般叫著。

「明明就是這邊！你才搞錯！」妲雅故意加快腳步，沒留意到腳邊有個小小的斜坡，一個踩空，滾下坡去。

「啊——」

「危險！」就在千鈞一髮之際，蘇蘇趕上了，但伸手只來得及拉住妲雅的衣服，兩人一起滾了下去。

「哇！」兩人無法控制的往下滑去。

幸好，這個坡並不陡，下降了兩三公尺，便銜接著一片平地，茂密的植物接住了她們。

「哎喲……」兩人同時發出呻吟，對看了一眼，彼此臉上都是泥巴和樹葉。

哈哈哈哈！不知怎麼的，她們不約而同大笑起來。

諾諾來到她們身邊，一屁股坐下，歪頭看著兩人。

「妲雅，你看！」蘇蘇突然止住笑聲，盯著地面。

妲雅沿著蘇蘇的視線，定睛瞧了好一會兒，不就是滿滿潮溼的落葉嗎？咦，等等……那是？

「這是……什麼菇嗎？」層層落葉的縫隙間，妲雅發現幾朵微張的灰褐色菌傘。

「我從沒見過這麼多雞肉絲菇。」蘇蘇坐起身來，「妲雅真有福氣。」

妲雅看見蘇蘇眼中的欣喜底下，竟藏著淡淡的憂傷。

蘇蘇的肯定讓妲雅心裡美滋滋的，她迅速坐起，迫不及待想看看因為自己才遇到的美味。

她們滾落的這片平地約有五公尺寬，邊緣緊接著一個緩緩的小土坡。平地上生長著一片生意盎然的翠綠竹林，就是這些竹子攔住了她們。

地面上鋪滿了乾褐的落葉，雞肉絲菇如同忍者隱身其中，一簇一簇的頂起落葉、挺直菌柄、撐開菌傘。它們的顏色和姿態那樣低調，稍不注意便會被忽略了。

可是，妲雅看了這不起眼的菇許久，怎麼都無法把它們跟雞肉連結在一起。

「雞肉絲菇，好吃嗎？」

蘇蘇露出一種「你吃了就會知道」的神情。

「採吧！」蘇蘇沒說話，但是妲雅在心裡聽見了。

雞是同一種菇，卻有不同的姿態。較成熟的雞肉絲菇，展開的菌傘像一頂斗笠，中間還有尖尖突起，是樸實的淺灰褐色；妲雅拔起一朵，仔細觀察，菌傘下潔白整齊的菌褶讓她驚喜。

「哇，好可愛！」妲雅拔起另一朵菇，拿給蘇蘇看。菇的菌傘未開，呈現略深的褐色，菌柄又粗又結實，讓妲雅想起了俄羅斯的洋蔥頭圓頂教堂。

「嗯，那是幼菇，口感很好喔！」蘇蘇露出微笑。

她們沒有工具，只能用手輕輕撥開落葉和土，小心翼翼拔起雞肉絲菇。蘇蘇就地取材，找來掉落的竹籜盛裝，兩人採了一盤又一盤，讓在一旁等待的諾諾無聊得睡著了。

「應該夠吃了！」蘇蘇一抬頭才發現她們戰果輝煌。

「再多採一些嘛。」妲雅欲罷不能，採菇真是太好玩了！「而且，還有好多沒採耶！太可惜了。」

「採太多也拿不完，我們先回去，以免凱文哥哥和阿海擔心，晚一點再來採吧！」

「好吧。」雖然捨不得停下，但是擔心哥哥，妲雅這次決定先聽蘇蘇的話。

妲雅想跟蘇蘇道謝，卻又說不出口，兩個人一路上不發一語的回到山洞。

大雨過後的陽光，感覺特別明亮耀眼。島嶼上的一切，似乎都閃爍著光芒。

當兩人捧著裝滿雞肉絲菇的竹簞，出現在洞口時，阿海整個人鬆了一口氣，癱坐在地上。

「呼，嚇死我了。我還以為……」

「你以為怎樣。」妲雅沒好氣，自己也覺得有些尷尬。

「沒事。啊！對了，凱文哥起來了！」阿海連忙轉移話題。

「他問你們在哪裡呢！」

「哥！」妲雅一聽，急忙衝進洞裡。

「哥，你還好嗎？」妲雅急切的問候哥哥。

「唉唉，真不好意思，麻煩大家了。」凱文靠著岩壁，勉強坐著，看起來還是有些虛弱。「你們沒事吧？剛剛跑去哪了？」

「我……」被哥哥一問，妲雅一時間不知道如何解釋自己的任性。

「我們去找吃的。」蘇蘇突然插話。

「對！我們去找吃的。」妲雅紅著臉偷瞄了蘇蘇。

「對啦！生病應該要喝點魚湯補元氣，我去釣點魚！」阿海說著，開始整理釣具。

「等等！現在去溪邊不知道安不安全，我們先吃點別的。」蘇蘇輕聲喊住阿海。「太陽看起來很大，或許過一陣子外頭就會乾爽一些了。我剛剛在路上發現幾株被風吹折的木瓜樹和香蕉樹，上面還有些可以吃，就在出了這片榕樹林右轉不遠的地方，麻煩你去採回來好嗎？」

「咦？你說什麼？木瓜和香蕉……喔好！我馬上去！」阿海領了任務，帶著諾諾又蹦又跳的離開了。

妲雅蹲在凱文身邊，忍不住伸手摸摸哥哥的額頭，「嘿！不燙了！」她開心的看向蘇蘇。

「我好多了。」凱文自己也說。

「昨晚凱文哥流了好多汗，就是在散熱，我想應該沒事了。」

蘇蘇回以一個似有若無的微笑。

「那我趕快來準備一些食物，等一下哥哥就可以吃！」妲雅站起身，迫不及待想處理剛剛採到的雞肉絲菇。

「別急，你先拿出刀子，吃雞肉絲菇之前需要下一點工夫。」蘇蘇說。

妲雅聽了，馬上把刀子拿出來，「該怎麼做？」

蘇蘇接過刀子，坐了下來，拿起一朵雞肉絲菇，先以刀尖將菌柄根部沾了泥土的部分削掉，接著再用刀尖輕輕劃開菌傘的傘尖，掀起那層灰褐色的薄薄外皮，接著往傘緣方向撕掉它，重複幾次，不一會兒工夫，就成了一朵渾身雪白的菇。

「我阿媽說雞肉絲菇要先處理過。」蘇蘇熟練的做著，妲雅看得目不轉睛。雞肉絲菇，是蘇蘇阿媽的拿手料理，蘇蘇好想阿媽，她好想讓阿公阿媽看看這麼多的雞肉絲菇。

看了蘇蘇示範幾次後，妲雅也拿起另一把刀子開始處理。起初，妲雅老是用力過猛，弄破了菌傘，留下斑斑點點的褐色皮膜；失敗幾次後，她漸漸抓到了訣竅，也能毫髮無傷的處理菇，雖然腰痠背痛，卻讓她覺得樂趣橫生。

「我回來了！真的有耶！」阿海的大嗓門從洞外傳來，他興奮的抱著幾顆木瓜和一串香蕉跑了進來。「『在欉紅』，一定很好吃！」

「先吃點水果補充體力，香蕉很營養喔！」阿海放下水果，選了一條最大的香蕉遞給凱文。

「好！」凱文露出笑容，剝了香蕉，一小口一小口吃起來。其他人見狀，也跟著開吃，島上香蕉的美味，他們是見識過的，大家吃得津津有味，精神和體力都恢復了一些；阿海接著又剖了木瓜，遞給每人半個。

「這怎麼吃？」妲雅看著手中覆滿黑色種子的木瓜，嚇得差點丟到地上。

「什麼？你沒吃過木瓜嗎？」阿海真的很傻眼，「唉，請容小的為您服務。」他認命的接過妲雅手中的木瓜，拿湯匙把種子全部挖乾淨後，交還給妲雅。

「接著，請您拿湯匙這樣舀起果肉，放進嘴裡，需要我再為您服務嗎？」阿海矯情又誇張的表情和動作，讓一旁的凱文和蘇蘇都忍不住抿嘴偷笑。

「不用了，我自己會吃！」妲雅氣得臉一陣紅一陣白，真想將木瓜砸到阿海臉上。大家吃了一口木瓜，全都驚異的睜大眼睛，「這木瓜也太好吃了吧！」四人異口同聲，臣服於木瓜的美味。

吃過水果，四人元氣大增，趁著凱文休息的時候，大家稍微整理了一下行李，將東西擺放好。蘇蘇和阿海決定出去探探情況，順便取些水回來。

蘇蘇拿了一個山洞裡的小陶罐，阿海好奇的問：「你拿那個要做什麼？」

「裝水。」蘇蘇理所當然的回答。

「可是那個原本不知道是拿來裝什麼的耶！」阿海的臉色有點難看。

「對啊，那個該不會是裝一些……」妲雅支支吾吾，「我以前在電視上看過有些民族會用罐子裝、裝……搞不好是……」

「這一個看起來挺乾淨的，也沒有任何奇怪的味道或殘留物，」蘇蘇似乎打定主意，「這些陶器有些可以儲水，有些可以煮東西。對我們的生活很有幫助。」

阿海實在很佩服蘇蘇這麼務實。在如此艱困的情況下，他知道蘇蘇是正確的。

阿海和蘇蘇先去了趟舊營地，帳篷早已不在原地。他們四處搜尋，才發現它像是一塊巨大的黃色抹布，被捲在樹叢間。畢竟好一陣子以來，那個帳篷都是他們島上的家，看見帳篷變成這模樣，他們還是感到難受。

「唉……可憐的帳篷。」阿海愁苦著臉，「妲雅看了不知道會怎麼樣……」

「先收拾整理一下。」蘇蘇說。

蘇蘇找了一塊陽光直射的草地，把帳篷攤平展開，撥掉黏在上頭的樹葉，用石頭壓住。

「似乎沒有明顯的損傷，等乾了之後再來好好確認。」

接著，她又和阿海找了一些比較乾爽的樹枝，一起在陽光下曝曬，期待能夠為日後累積多一些柴火。

原本清澈的小河成了滾滾的泥水，阿海不得不打消釣魚的念頭。他們只能一起挖了幾條地瓜，採了幾把野菜，再到湧泉區汲了一罐水，便趕緊回洞穴。

蘇蘇和阿海汲完水回來時，仔細觀察這條通往山洞的路，十分隱蔽，幾乎隱藏在灌木叢間，就像一條由植物構成的祕密小徑。

「這根本就是迷宮裡的祕密通道啊！」阿海驚嘆，「蘇蘇，你是怎麼找到那山洞的？」

「嗯……就是看到一片榕樹，想過去看看，碰巧發現的。」

這群榕樹十分壯觀美麗，盤根錯節，更為這個山洞增添了一種莊嚴神祕的氣氛。

比較大的問題是，這裡離水源地比較遠，取水的確不方便。

妲雅留在洞裡，繼續處理雞肉絲菇。別說吃過，她連聽都沒聽過什麼「雞肉絲菇」。對她來說，菇雖然鮮美，但無論什麼菇，菇就是菇，怎麼可能有什麼雞肉的滋味呢？在這種沒肉吃的荒島上，如果抱著吃雞肉的期待而落空，可會讓人非常惱火的呀！

她的腦袋飛快運轉著，在曾經品嘗過的菌類料理和翻閱過的烹飪書籍中，挑選烹飪方法。嗯，就這麼辦吧！

當她到行李區拿取食材時，心中一驚，發現泡麵竟然只剩一、二、三……不到十包！怎麼辦，難道接下來只能每天吃地瓜了嗎？她沮喪得心頭一沉。

凱文沉沉的鼻息傳了過來，妲雅看著生病的哥哥，她下定決心，至少這兩天要讓哥哥吃好一些，才能讓病好得快一點。她拿出四包麵，準備將腦海中的想像，化為真實的料理。

洞外，阿海和蘇蘇正合力生火，因為木柴都被打溼了，他們費了九牛二虎之力才成功，還被煙燻得眼淚鼻涕直流。

妲雅忙碌著，這些日子以來，在不斷生火、煮食的辛苦磨練中，她漸漸習慣了野炊，手法俐落不少。

自己喜歡品嘗美食，也熱衷蒐集各式烹飪書籍製作筆記，卻沒有實作的機會；在這荒島上，她才真正體會到烹飪的快樂。

過程中，妲雅偶爾讓蘇蘇和阿海幫自己一些忙：調整火勢、採些野菜配色等；三人就像一組有默契的廚房團隊。

「開飯了！」妲雅像個主廚般宣布，「今天的午晚餐有：肉燥乾拌麵、野莧鮮菇湯、蒸烤雞肉絲菇佐椒鹽。」

「好香喔！」凱文聞香而起，聲音有精神多了。

妲雅得意的看了眾人一眼，大聲宣布：「這可是因為我才吃到的美食喔！」

一旁的蘇蘇，臉上漾起笑意。

大家圍坐一圈，看著眼前的食物，感動滿滿。妲雅將湯泡麵改成了乾拌麵，省下來的椒鹽調味包，一部分加入湯中，一部分當成了烤菇菇的蘸料。

碧綠的野莧菜和雪白的雞肉絲菇在湯中交融，看起來清爽美味。鍋上鋪襯著蘇蘇摘來的綠竹葉，井井有條的排放蒸烤過的白色鮮菇，一角擺了斜切成小塊的橙紅色木瓜丁。

「哇！好美喔！」阿海忍不住吞口水。

「我要開動了！」凱文說完，四雙筷子彷彿約好了一般，同時向蒸烤過的雞肉絲菇進擊。

妲雅也立刻吃了一朵，先嘗原味吧！才咬下，鮮香甜美的湯汁瞬間在嘴裡炸開！

RECIPE 4

野莧鮮菇湯+蒸烤雞肉絲菇

材料

- 雞肉絲菇
- 野莧菜
- 泡麵

一朵菇裡怎麼可能如此飽含水分！雞肉絲菇並沒有菇類特有的濃郁氣味，清新可喜得讓人驚豔。

傘柄又脆又Q又帶一點韌度的口感，讓人欲罷不能，無法想像那一絲一絲纖細柔軟的纖維，聚攏起來竟如此絕妙；幼菌則是通株硬脆，爽口好吃。根本不需要蘸調味料呀！

「果然！挺像雞肉的口感耶！」妲雅瞪大眼睛說。

「好酷！真的好像雞肉絲！好吃！」阿海大嚼特嚼。

雞肉絲菇讓蘇蘇想家了，想念阿媽和阿公。阿媽做的雞肉絲菇料理是家的味道。察覺到淚水將要湧上，她趕緊低頭猛吃。

四人陶醉的吃著，一下子，一鍋雞肉絲菇見了底。

「這雞肉絲菇，是我吃過最好吃的菇了！」吃過了雞肉絲菇，凱文感覺元氣恢復了不少！

蘇蘇點頭：「我阿公說，一年只有一段時間可能採得到雞肉絲菇。托妲雅的福。」

妲雅又得意了。

「它的菌柄撕開來像雞肉的纖維，味道像雞肉般爽口百搭，沒有臊人的腥味，親和力十足！」妲雅眼睛閃閃發亮的說著。

「妲雅大主廚，燒得一手好菜，也說得一口好菜！」阿海捻著他的隱形鬍鬚，裝模作樣的點著頭。

「那當然！真正的大廚都是厲害的美食家好嗎？」妲雅也沒打算客氣。

「不過，這雞肉絲菇還真是名不虛傳呀！」妲雅說，「這樣接近原味的吃法，應該是最棒的了。畢竟菇本身很新鮮，味道清爽，過多的調味，反而破壞了鮮味。」

妲雅的結論讓大家都很贊同，阿海迫不及待要再去多採一些雞肉絲菇了！

「你們去沙灘時，有看到我的帳篷嗎？」飯飽之後，妲雅目光炯炯盯著蘇蘇和阿海。

「那個……」阿海說不出口。

「被風吹垮了。」蘇蘇說，「不確定還能不能用。」

「……」妲雅聽了，說不出半句話，她無法想像，也不願想像帳篷慘兮兮的樣子。

「我們先在原地晾乾它，明天再拿回來檢查。」蘇蘇說。

其實妲雅心如刀割，那頂帳篷對她來說，就像是有媽媽在的家。她很想去確認帳篷安好，卻無法承受看到它殘破的模樣。

只是她知道自己不能再任性、亂發脾氣，造成別人的麻煩了。

亮晃晃的陽光一掃昨晚的陰森，飯後，凱文又睡了，諾諾不知跑到哪裡蹓躂；其他三人這才安心的細細審視這個「新家」。

白天時採光出奇的好，光線雖無法直射入洞，但呈現ㄇ字型的洞口十分開闊，像一道大落地門，讓光源十分充足，洞穴裡不小的範圍得以明亮起來。

雖然經歷一整天的風雨，洞穴卻因地勢較高，所以地面十分乾爽，而且平坦，還算得上乾淨，這讓妲雅鬆了一口氣。

洞內空間超乎想像的寬闊，蘇蘇張開手臂測量，估算洞內約有四公尺寬、五公尺深，應該有一層樓高。

三人感受到涼爽的風吹來，比起帳篷，這山洞空氣流通多了。洞口上方岩石凸出，形成了一個天然的屋簷，可以擋住大部分的雨水。沒有下雨的時候，下方成了一片蔭涼，要是能擺上有風味的桌椅，就會變成一個頗具風格的開放式餐廳——雖然不願意承認，但妲雅忍不住在心中想像。

「我覺得這個洞穴挺好的，好像沒有昨天感覺那麼可怕了！」阿海忍不住讚美。

「不知道是誰，昨天差點嚇到尿褲子。」妲雅隱隱覺得帳篷被否定，有些不快，「而且還有奇怪的罐子，超陰森的。」

阿海想起昨晚身歷其境的恐怖惡夢，忍不住又害怕起來，不自覺又將視線往洞穴裡的陶器望去。

在洞穴的底部，凸出一塊平坦的岩石，就像一張邊桌，陶器就是擺放在上面。

咦？阿海赫然發現，在這塊岩石的側邊岩壁，有一個不太容易發現的凹陷，他用手電筒一照，竟是一條通道！

「哇……你們快、快來看！」阿海說話的聲音微微顫抖：

「我發現了……祕密通道！」

蘇蘇和妲雅聞聲趕了過來。

「這後面是哪裡？」

「不知道。」蘇蘇亮起手電筒，往前走去。

「蘇蘇，你不要進去！」

「確認一下才安心。」蘇蘇說。

以蘇蘇為首，阿海和妲雅跟在後頭。

他們戰戰兢兢拿著手電筒，緩緩前進。這個通道是個弧形彎道，寬度足夠供一個大人前進。彎道並不長，儘管他們走得緩慢，也一下子就通過了。出了彎道，發現竟還有另一個洞穴！這洞穴比前面的小一些，一道光束從上方岩壁的裂隙灑了進來，讓空間多了幾分明亮，也增添一股不可思議的氣氛。

他們發現，洞穴正中央擺放了一個大陶甕，還嚴實的蓋上了蓋子。罐身上

刻著無法理解的神祕符紋。可怕的想像頓時浮現在阿海和妲雅腦中，這麼大的甕，足夠裝入一個大人。他們趕緊拉著蘇蘇退了出來。他們告訴凱文這個新發現，凱文看了也覺得有點詭異。不過，畢竟年紀比較大，他倒覺得還在可忍受的範圍。

「別擔心，我們一直都很平安，不要去亂動陶甕就好。」凱文試著安撫他們。

「好吧！」

當日光漸漸褪去，山林很快就陷入黑暗。

雖然有火堆照耀，但要睡覺的時候，就會想到那個陶罐，讓三個孩子心神不寧。

這天，阿海又做了惡夢，妲雅也睡得不安穩。

幸好，一夜過去，當陽光再次回到洞穴，他們平安無事，全都鬆了一口氣。

阿海的發現

暴風雨過後，接下來的兩天都是晴空萬里，豔陽高照。

有別於夜晚的漫長，白天的陽光總為他們帶來元氣，讓他們迫不及待外出活動。

他們每天都到竹林報到，喜孜孜的採集雞肉絲菇。不僅如此，諾諾再

度發揮神犬的天賦，挖到了竹筍。

妲雅整合了蘇蘇的說明和自己的「閱讀經驗」，煮了沙拉涼筍，雖然少了美乃滋，但筍子極為鮮嫩，久煮後幾乎沒了纖維，吃起來彷若水梨般多汁可口；就連煮筍子剩下的湯都相當鮮甜。妲雅試著將雞肉絲菇和野菜放入，煮成時蔬鮮菇湯，挺有風味的呢！

河水終於恢復澄淨，阿海順利釣到魚，妲雅煮了加了雞肉絲菇和竹筍的魚湯，為凱文「進補」。

經過兩天的休養，凱文便恢復了精神。

這天，他們兵分兩路，女生組和諾諾去收帳篷，男生組則到海邊查看船的情況，並重新點燃求救的火堆。凱文十分掛心船的狀況，暴風雨來襲前他已盡力將船安置好。然而風雨超乎他的想像，情況恐怕不樂觀。

「船不見了！」跟著來的阿海發出驚呼。

「完了！船一定是被風浪捲走了，我爸會宰了我。」

「我們再找找，說不定只是被浪打到別的地方了。」抱著一絲希望，他們沿著海灘搜尋，幸好，繞過海灣，阿海就發現了遊艇；黃白相間的遊艇像一艘紙船，被風浪隨手丟棄在沙灘上。

「噢，嚇死我了。」感冒才剛好，凱文可不想又被嚇出病來，還好船沒有不見，也算是上天有保佑吧！

「凱文哥真的很愛這艘船！」看著凱文像是照顧超級跑車般，充滿憐愛的檢查船隻時，阿海忍不住揶揄凱文。

「這是我爸的寶貝，我可賠不起，不小心不行啊！」凱文苦笑，「當然，我也很愛她啦！而且，我們或許要依靠她回家呀。」

他們沒來過海灘這一頭，當凱文為了船身的碰撞擦傷唉聲嘆氣時，幫不上忙的阿海便在一旁晃蕩，看見水裡似乎有魚，便脫下鞋子踩進水裡，心裡開心的盤算著：拿釣竿來試試看海釣吧！

「唉喲——」阿海一聲悶哼，腳底踩到了硬物。他彎腰把手伸進浸及他腳踝的水裡，撥開腳底的沙子，挖出一個黑黑的「石頭」。「這是……」阿海仔細端詳。

「找到寶啦！」

就連在船艙最內層的凱文，都能清楚聽見阿海欣喜若狂的歡呼聲。

阿海像個凱旋的英雄一樣，帶回了他發現的寶物。

「快來，本日最新鮮！」阿海的大嗓門嚇飛了樹上的鳥兒。

妲雅和蘇蘇帶回帳篷，正在洞簷下想辦法整理修復，一旁趴著的諾諾也抬起頭來。

阿海三步併作兩步，衝到洞口，舉起一桶黑黑的東西，「看！本日最珍貴！」邊說邊抖動桶子，發出喀拉喀拉的聲響。

「你撿一堆石頭回來幹麼？」妲雅看到的就是一堆灰撲撲的石頭。

蘇蘇看了一會兒，忽然領悟，「莫非這是……」

「嘿嘿！這是ㄏㄚˊㄇㄚˋ！」阿海等不及了，自己公布答案。

「癩蝦蟆？好噁心。」妲雅想到癩蝦蟆渾身是疣的模樣，急忙往後跳開一步。

「吼，不是瀨蝦蟆啦！是蛤蜊！看清楚！」阿海把手上的桶子高高舉起，湊到妲雅面前。

「哇！」

妲雅怕阿海故意捉弄她，連忙別過頭去。但又忍不住偷瞄了幾眼。不管是瀨蝦蟆還是蛤蜊，她從來沒親眼見過活生生的。只見桶子裡裝滿一顆一顆灰撲撲的東西，仔細一瞧，是一個個飽滿的扇形，的確像是她吃過的蛤蜊。

「你看，我很棒吧！請叫我海洋之子！」

「什麼海洋之子？怎麼沒早點發現呢？」妲雅反駁。

「之前那裡沒有啊。而且我家雖然賣海產，我會釣魚，但是海鮮那麼多，我再厲害也不可能什麼都懂呀！」士氣受到打擊的阿海，開始碎碎念。

「好啦，看在你找食物的份上，海洋之子先讓你當。」雖然野生的蛤蜊讓妲雅有些畏懼，但事實上，當她聽到蛤蜊兩個字時，腦中立刻浮現了「海鮮蛤蜊濃湯」、「蒜香蛤蜊義大利麵」，口水差點從嘴裡滴出來，只是硬撐著，不想讓阿海有機會取笑她。她超愛蛤蜊！

可惜，可用來搭配的材料，實在太少了。

「趁新鮮馬上煮來吃吧！」妲雅幾乎是用搶的，把阿海手中的桶子拿了過來。

「不行啦！要先吐沙，不然會變成蛤蜊沙子湯。」

「吐沙？」

「對！就是泡鹹水讓蛤蜊先把身體裡面的沙子吐乾淨，這樣我們才不會吃得滿嘴沙。」阿海說完，走進洞裡拿了一個陶碗，將蛤蜊和一起帶回的海水倒入！

就在這個時候，凱文檢查帶回來的帳篷，發現骨架折損，無法修復了。大家擔心妲雅，深怕她又難過暴走。但出乎意料的，妲雅雖然表情沉重，卻不發一語的接受了這個結果，其他三人這才鬆了一口氣。

蛤蜊吐沙需要一段時間，妲雅和阿海不時走到裝著蛤蜊的陶碗邊探望，他們很想幫蛤蜊加油，叫牠們快把沙吐出來。

「啊，牠們把殼打開了！哇啊！那是什麼？牠們會吐舌頭！」妲雅大聲驚呼。「不是，那叫『斧足』啦！」終於輪到阿海翻妲雅白眼了。

「天啊！牠們伸出眼睛……吐口水了！」妲雅看得目瞪口呆。

「那不是眼睛！」海洋之子快昏倒了。

妲雅轉頭瞥見哥哥和蘇蘇忍著笑的表情，原來只有自己不知道！想到自己還夢想當五星主廚，她的臉都紅了。

沒有薑絲、蒜頭和酒，他們決定用鍋子直接煮熟蛤蜊。蓋上鍋蓋後，四人目不轉睛的盯著鍋子等待開鍋。

「喀——喀——」鍋子裡傳來輕微的聲響，「打開了！」阿海一說，妲雅飛快掀開鍋蓋，兩人從沒這樣有默契。

果然，一顆顆的蛤蜊開了殼，露出飽滿多汁的蛤蜊肉，湯汁都溢出殼，流到了鍋上，發出ㄘㄘㄘ的聲音，燒出了蛤蜊的鮮味，惹得大家直吞口水。

等到全部的蛤蜊都開了口，妲雅趕緊將鍋子移開火堆，四人的筷子飛快的搶夾蛤蜊。

「喔，真是太好吃了！野生現撈的就是讚！」阿海的聲音和表情一點都不誇張。蛤蜊肉質滑嫩Q彈，濃郁的湯汁鮮甜中自帶天然鹹味，讓人滿嘴都是海潮的氣息，一個接一個，停不下來。不一會兒工夫，四人就嗑完一盤，又馬上追加了一盤。吃完了阿海帶回來的所有蛤蜊，也堆起了一座蛤蜊殼山。

「滿足！」凱文吃得心滿意足，「真是多虧了阿海！」

阿海得意的鼻子都要噴氣了：「難怪以前的原住民文化有貝殼塚，蛤蜊實在是太好吃了嘛。」

「沒想到你還記得課本上的內容，我以為你的腦袋裡只有魚。」妲雅就是看不慣阿海得意洋洋的模樣，忍不住要嘲笑。一旁的蘇蘇聽了也咧嘴微笑。

吃完蒸烤蛤蜊，妲雅忍不住想起餐廳的蛤蜊海鮮濃湯，那是她的愛湯。蛤蜊本身就帶有鹹味，而且富有濃厚的海洋鮮味，往後可以好好利用蛤蜊製作料理了。

整理蛤蜊殼時，妲雅發現阿海的褲管上竟有白色的汙漬。

「好噁心，你的褲子發霉了！」

「哪裡哪裡？」阿海急忙左右確認，看見褲管上的白色痕跡。

「那個不是發霉，是鹽巴！我剛剛跪在水裡摸ㄏㄚˊㄇㄚˋ，沾到的海水蒸發了，就結晶成鹽巴了。你看，凱文哥也有！」阿海說，「你沒讀過自然嗎？」嘿嘿，將了妲雅一軍。

「哪是，怎麼可能是鹽！」妲雅不敢相信，「那如果把海水晒乾，是不是就能做出鹽？」

蘇蘇點點頭：「有些沿海地區有鹽田，就是用來晒鹽的。」

「妲雅你怎麼了？」凱文看妹妹直盯著阿海的褲管卻一語不

發，有些擔心。

沒有鹹味，東西真的很難入口，一兩天還好，時間一長，就更辛苦了。

泡麵已所剩無幾。原本食物調味都依賴泡麵所附的調味包，如今，已經不夠了。

這是繼只能吃地瓜之後，妲雅最擔心的一件事。此刻，她看見了希望。

「趁著白天有陽光，我們多出去走走吧！」妲雅心情大好，有了這個提議。

仔細想想，這是第一次四個人集體出動，進行探險。

一開始對環境陌生，他們不得不謹慎，也不敢走太遠；另一方面也沒有預料到會在這座荒島上待這麼久，深怕錯過救援，所以還有許多地方他們尚未到訪。

三個孩子帶著凱文來到發現雞肉絲菇的竹林，當然，順便再採點菇和筍子回去加菜，雞肉絲菇的產季已經到了尾聲。

「哇！真的是一大片竹林耶！」凱文讚嘆。竹子隨風搖曳，翠綠的樹葉盈盈發出綠光，竹林間彷彿有天然的冷氣拂面而來，頓時感到清新舒暢。

當三個孩子埋頭採集菇菇和筍子時，凱文撫摸著挺直平滑的竹子，若有所思。

雖然帳篷壞了，而且洞裡有令人毛骨悚然的詭異陶器，但這個洞穴卻出乎意料的寬敞舒適。三個孩子都不願睡在靠近後面洞穴的位置，尤其是妲雅和阿海，還為此大吵一架，直到凱文自願睡那兒，才平息了這場床位之爭。

凱文在洞口的「屋簷」下，重新搭建了一個爐子，從此煮飯不怕日晒雨淋了！

凱文一天比一天忙碌，每天都到山裡去，不知道在忙些什麼。

「成功了！」這天，凱文興奮的邀請阿海和妲雅來看。

「到底什麼事情這麼神祕兮兮的呀？」妲雅說，她看到哥哥像個小男孩一樣興奮，懷疑是不是被阿海傳染了「幼稚病」。才這麼想的時候，妲雅卻看見前方，有水流不斷從綠色的管子裡流出來。

「是水！」她和阿海同時發出驚呼，爭先恐後衝上前去。綠色的管子，不是別的，就是竹子！

凱文和蘇蘇上山找到了山泉水，用竹子製作了引水管，把山泉水直接引了過來。

「凱文哥，你真強！」

「哈！哈！」凱文笑得很開心，「竹子輕又好施工，比想像中簡單！」

這樣，就不必每次都到下游去取水了，沖洗食材、洗澡都很方便，實在太棒了！

過了兩天，凱文又送給大家一個驚喜。

「太酷了，是桌子！我們終於進化成文明人了！」阿海開心得鬼叫。

「有了桌子，吃飯就方便多了。」蘇蘇也很感動。

「謝謝哥哥！」妲雅看著眼前這張用竹子製成的桌子，高興得想跳舞，夢想中風味餐廳又往前跨了一步。

三個孩子的反應，讓凱文超有成就感，真想馬上利用島上的木頭和竹子，把洞穴改造成讓他們住得更舒適的家。

晚上，幾個人愉快的在烹飪區忙碌著，整個洞穴盈滿溫暖的橘色火光；妲雅利用最近找到的各種食材，煮了一頓豐盛的晚餐。

綠盈盈的竹桌上，擺了金黃色的水煮地瓜，湯頭濃郁呈半透明的蛤蜊魚湯，以大片香蕉葉包覆、在餘火灰燼中燜熟的鮮香雞肉絲菇，水煮甜筍切絲拌山蘇，還加上了飯後水果香蕉和木瓜。

當四人一狗圍坐在餐桌旁，頓時感受到了一股自落難荒島以來，從未有過的愜意和輕鬆。

「開動吧！」凱文感動得喉嚨緊緊的。

「啊——等一下！」妲雅突然大叫，站起身跑開，不一會兒，又拿了一個東西回來擺在桌上，這才滿意的就座。

下午採集食材時，妲雅覺得粉紅色的小花好可愛呀！便摘了一大把回來。現在，粉紅小花插在陶瓶中，顯得古拙雅致，和洞穴及桌子相當搭配。

「好有情調，就像在高級餐廳呢！」阿海不禁讚賞。

「算你識貨！」妲雅毫不客氣的點頭，「我們吃飯吧！」

今天晚餐的氣氛太美，激發了妲雅的靈感，她突然想到，也許將地瓜和涼筍切成小塊，做成兩種口感的沙拉也不錯！再撒上繽紛香脆的水果麥片，一定很棒！

睡覺前，妲雅翻找行李箱中的麥片，她原本很捨不得用的。

「哈！找到了！」妲雅小小聲的歡呼，正要回去睡覺，卻看見一旁的泡麵所剩無幾。

泡麵越來越少了，又讓妲雅想起他們困在荒島的時間越來越長，獲救的希望越來越渺茫，剛剛的好心情頓時黯淡下來。

「不能哭。」妲雅深深吸了一口氣，告訴自己。她不要別人看見出醜的模樣，她必須勇敢一點。

天一亮，妲雅就起床張羅早餐。一方面是期待實現自己的想像，一方面想靠著烹飪驅走無法回家的不安。

「這是什麼？」阿海坐到餐桌前就開始大叫。

「鮮筍地瓜佐麥片。」妲雅看著眼前的作品，總覺得還少了點什麼？啊！她摘下幾片土人蔘的嫩葉擺上，嗯，這樣才對。

「多了綠色，質感立刻提升。」蘇蘇點頭讚美。

「沒想到我妹這麼厲害！」凱文嘖嘖稱奇。

四個人開心吃著美味的早餐，鬆軟的地瓜和清脆的筍子被切成容易入口的小方塊。這一段時間以來，妲雅的刀工進步不少，從一開始怎麼切形狀都奇醜無比，常讓她惱羞成怒，偶爾還切傷手哇哇大叫，現在漸漸能切得和腦中想的一樣，功力明顯提升，讓她得意的哼哼笑。

兩種截然不同的口感產生咀嚼的趣味。鬆鬆脆脆的麥片賦予食物更豐富的層次，許久不曾吃到這類食物的四人，專心的一口又一口品嘗。

「超好吃！」凱文對妲雅比讚，蘇蘇也點頭連連。

「我喜歡！」阿海拍拍肚皮，「可是，怎麼覺得這只是前菜，吃完這個，好想吃點曰……」

「犯規！不可以說那個字！」妲雅瞪著阿海。她也好想吃肉，但就是沒有肉啊！

「我又還沒說，諾諾你也想吃吧！」諾諾吃完一盤筍子地瓜，聽到自己被點名，看向阿海，「汪」了一聲，算是回應。

吃完早餐，大家各自進行分內的工作，凱文去蒐集木柴和砍竹子，病好了之後，他對製作東西非常投入；蘇蘇想再到另一頭的林子探險，下意識的呼喚諾諾。

「諾諾！」、「諾諾！」接連叫了幾聲，諾諾都沒回應，真不尋常。蘇蘇四處找了一會兒，都沒瞧見諾諾的身影，她只好打消探險的念頭，先在附近採集食物。

阿海拿了容器，準備到海邊摸蛤蜊。他最近很著迷這個工作，不僅有趣又有成就感，而且好吃！

「阿海，我跟你去。」妲雅靠了過來，胸前抱了一個陶罐，一副蓄勢待發的模樣。

「咦？好……」

「你不想讓我跟嗎？」

「沒有！」阿海其實很納悶，妲雅不是最討厭晒太陽嗎？而且上次還把魚都嚇跑了，但他不敢多問，把疑惑吞進肚裡。

到了海邊，妲雅在阿海的指導下，跪在淺灘上摸蛤蜊。阿海已經得心應手，一下子就摸到半罐蛤蜊；妲雅摸了半天，卻時常挖出石頭，太陽越來越大，終於把她的耐性都蒸發了！

「不挖了啦！累死我了。」她氣呼呼站起來，在附近的礁岩上坐下。

阿海也沒阻止她，畢竟，妲雅在身邊讓他超有壓力。等阿海摸完一罐蛤蜊，回頭想找妲雅，卻發現妲雅抱著陶罐走進水中。

「喂！你要幹麼？我們要回去啦！」阿海大聲呼喚。

妲雅不理會阿海，繼續往更深的水中走去，直到水深及膝，才彎下腰將陶罐放入水中。

「是在抓魚嗎？」阿海只能這樣推測。

妲雅抱著狀似沉重的陶罐走回來，「我們走吧！」邊走還邊從罐中灑出一些水來。

「你去抓魚嗎？為什麼裝那麼滿的水呀？」阿海實在好奇。

妲雅牢牢摟著陶罐，正眼也不瞧阿海一眼：「改天你就知道了！」

那樣一罐水，重量不輕，妲雅竟沒吭半聲，心情似乎還挺陽光的，讓阿海更加困惑。

當他倆回到洞穴，凱文和蘇蘇也已經回來，正坐在桌前，整理帶回來的材料。妲雅打了招呼後，小心翼翼的放下陶罐，馬不停蹄的拿出鍋子，似乎要煮什麼。

「妲雅有點奇怪，不知抓到什麼東西，希望是好吃的。」阿海小聲的跟凱文和蘇蘇咬耳朵。

這時候，諾諾白色的身影出現在不遠處的榕樹林，蘇蘇馬上站起身來迎接牠。

「諾諾，你……」蘇蘇突然停下來，驚訝的張大眼睛。

諾諾走近，開心的對大家猛搖尾巴，嘴裡叼著一隻——雞！

「天哪！諾諾！」妲雅嚇得花容失色，「你去打獵嗎？」

「哇！諾諾逮到一隻雞耶！我們終於有肉吃了！」阿海激動得聲音都開叉了。

他們已經好久好久沒有吃到雞肉了。眼前雖是一隻死掉的雞，但腦子卻不聽使喚的變魔術，變出好多不同的雞料理——炸雞、白斬雞、烤雞等等，像是爆米花一樣不斷跳出來。

「烤雞！烤雞！」阿海瘋狂了，「我要吃烤雞！」

「該不會本來就是死雞，被諾諾撿回來而已？」妲雅說，「這樣也未必就能吃。」

「說得也是，而且……」阿海稍稍恢復理智：「就算可以吃，我也不敢處理。」

「你不是會處理生魚嗎？」妲雅問，「這是一隻死雞。」

「魚我可以，但雞我沒試過，心裡難免有障礙嘛。」阿海皺著眉頭，誇張的搖手。

正當妲雅和阿海你一言、我一語討論著，諾諾把雞放到地上，一溜煙又跑走。

沒想到，雞一落地，竟立刻活蹦亂跳起來，慌張的咯咯咯叫個不停，阿海和妲雅嚇得差點抱在一起。

「雞竟然還活著！」

抓住牠！不要讓牠逃走！這個念頭閃現眾人腦中，凱文趕緊加入抓雞的行列，開始圍捕這隻雞。

雞受到威脅，更加激烈的亂跳亂竄；人和雞，如同磁鐵的同極，稍一靠近，就馬上彈開，雖然很想

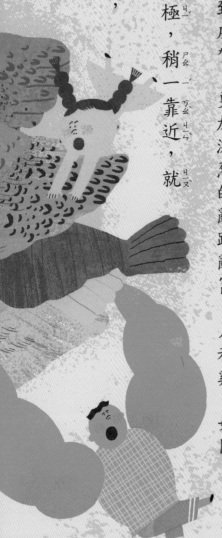

抓住雞，卻又害怕雞，妲雅更是不時的驚聲尖叫。

最後，一直安安靜靜的蘇蘇出手逮住了雞，把雞揣在懷裡安撫。

蘇蘇的手好像有魔力，在她的撫摸下，不一會兒，雞便安靜下來。

「蘇蘇，你好厲害！」

「我只是以前幫阿公養過雞。」蘇蘇淡淡的說。「這隻雞很虛弱，身上有一些傷口，或許是之前風雨造成的。」

「那……真的要把牠宰來吃嗎？」看見在蘇蘇懷中舒服得瞇

起眼睛的雞，大家的心動搖了。

說實話，每個人都好想好想吃雞肉：炸雞、烤雞、香雞排、手扒雞、三杯雞、檸檬雞柳……

「我……我們來投票好了。」凱文出主意。

結果，竟然全數同意不殺雞。雖然每個人都非常渴望吃雞肉，但實在下不了手。

雞看起來好可愛，一臉無辜，加上想到牠之前在風雨中驚嚇害怕的樣子，就更加不忍心了。

「這是一隻母雞。」蘇蘇說，「應該會下蛋喔。」

「有雞蛋吃，也不錯。」妲雅自我安慰。

「不好意思，就請先陪我們一陣子好嗎？」阿海對著母雞說。

就在大家討論著把雞養在哪裡時，諾諾再度回來了，而且帶回另一隻雞！

雞在諾諾嘴裡咯咯咯的叫著，像在求救，凱文雖然緊張，仍伸手把雞接了過來。

「啊，這隻母雞也一樣。」蘇蘇檢視另一隻雞。「莫非，牠們受困，而諾諾救了牠們？」

阿海驚訝的看著諾諾：「是嗎？」

諾諾咧著嘴看著大家，牠很得意自己的成果。

「諾諾真棒！」阿海拍拍諾諾的頭真心表示感謝，至少有雞蛋吃了！

吃蛋日

他們將兩隻母雞取名娜娜和露露，養在凱文用竹子編織的雞舍裡。

「娜娜女王，露露公主，請賜給我們好吃的雞蛋吧！」每天早上，阿海都對著母雞膜拜，並勤快的為牠們帶回水果和野菜。

可是，接連幾天，母雞都沒下半顆蛋。

阿海站在雞舍邊，沮喪的喃喃自語：「該不會是老母雞，生不出蛋來了。」

「牠們之前受了傷，又受到驚嚇，還要習慣新環境，需要一點時間。」蘇蘇安慰阿海。

雖然暫時沒有蛋吃，但多了兩隻母雞，好像多了兩隻寵物，大家會不時到雞舍去看看牠們。

每個人都看得出阿海非常愛娜娜和露露，他花很多時間和牠們說話，問候牠們晚上有沒有睡好，會不會害怕……也幫牠們加油打氣，祝福牠們生蛋順利。

雖然大家想吃蛋想得都快發瘋了，但是每天期待著雞蛋，卻也成了在這荒島上生活的動力。

等待雞蛋的日子，阿海仍然每天去摸蛤蜊，自從上次主動要求跟著去之後，妲雅每隔兩天就會再去一趟，固定取回一罐海水，接著花很長的時間守在火爐旁邊煮東西，可是，卻不是端給大家吃的，眼睛閃爍著異樣的神采，也始終不告訴其他人為什麼。

「妲雅最近真的很怪，一個人坐在那裡嘰嘰咕咕的攪著鍋子，像個巫婆，有時候讓我看得發毛！」

阿海忍不住跟娜娜和露露抱怨。凱文和蘇蘇老是在忙，只有牠們願意聽他說話。

「該不會中邪了吧！」阿海想起妲雅「走火入魔」的模樣，不知怎麼的又想起洞穴裡的陶罐。最近以來，一切都很順利，其他人似乎都適應了，就連妲雅晚上也睡得不錯，只有自己，總要摸著護身符，很久很久才睡著，有時候聽到什麼聲音，又會立刻驚醒。

阿海注意到夜裡的諾諾也經常有動靜，彷彿在警戒什麼，讓他更緊張。可是，諾諾白天時又好端端的。

阿海覺得自己好像有點太迷信，可是又確認自己有所感應。他最近常有被暗中窺視的感覺，讓他發毛。只是這怎麼說得出口呢？自己是男生，說出來怕被嘲笑，也怕讓好不容易冷靜的妲雅又陷入恐慌，他只能默默承受身為男子漢的壓力。

露露邊啄著木瓜，邊發出咕咕咕的聲音，把阿海從胡思亂想中拉回現實。「不客氣，很好吃吧！」阿海說。還好有母雞，可以撫慰他不安的心。

娜娜一直坐在自己的窩裡，靜靜聆聽阿海發牢騷。

「娜娜女王你一定了解我的心酸吧！」

才說完，娜娜發出一個特別的咯——咕聲後，隨即站起身來，優雅的離開她的窩，跟著露露一起吃木瓜。

「咦？那是、那是……」一個光滑的紅褐色橢圓小球靜靜的躺在地上。

「有蛋！」其他人老遠就聽見阿海的驚呼。

娜娜下了一顆蛋！

所有人衝了過來，盯著那顆雞蛋，猛吞口水。

「我們……還是分著吃吧！」

該怎麼煮？

水煮蛋？蛋花湯？加在泡麵裡？

最後決定用最快的方法——水煮蛋！

比起煮其他的東西，煮一顆水煮蛋實在太簡單了！大家快手快腳的準備好煮蛋的器具，圍在火爐邊，緊盯著鍋裡的那唯一的雞蛋。

蛋在水裡噗啊噗啊的滾動，蒸氣直冒，雖然才過了短短幾分鐘，可是每個人都覺得時間走得特別慢。

「應該好了！」阿海一直盯著鍋裡「載浮載沉」的雞蛋，大聲宣布。

正當阿海急著想用湯匙撈起蛋，「等等！蓋上蓋子燜一下會讓蛋黃更好吃。」妲雅儼然一副專家的口吻。

「噢，好吧！」阿海只得乖乖的放下湯匙。

「好了，撈起來吧！」妲雅下令。

「遵命！」阿海準確無誤的執行動作，並急著剝蛋，「哇！好燙！」

「先泡冷水，更好剝。」蘇蘇提醒阿海。

「吼，怎麼吃個水煮蛋，規矩這麼多！」抱怨歸抱怨，阿海仍舊飛快的去接了冷泉水回來。

終於可以吃蛋了！

凱文拿起蛋，敲裂蛋殼，小心翼翼剝除蛋殼，白皙的蛋白，像在發光。

雞蛋發出無比濃郁的香味——這一定不是一顆普通的蛋！

凱文盡可能把水煮蛋平分成四分，慎重的交給大家。看著手中那一枚僅有四分之一的蛋，四個人感動得要哭了。

潔白的蛋白盛著橘黃色的蛋黃，像一艘美麗的小船停泊在手上，真讓人捨不得吃掉。

「好好吃喔！」阿海率先將蛋放入口中，其他人也跟著做。

其實妲雅平時最不喜歡吃水煮蛋，這對她來說過於平淡，而且有股奇怪的腥味，蛋黃還會噎在喉嚨，每次至少得加美乃滋才能吃得下。

然而這片小小的水煮蛋，卻比她以往所吃過的任何蛋料理都更加好吃。

柔柔綿滑的蛋黃，加上軟中帶脆，彈牙得恰到好處的蛋白，實在是絕妙的搭配。

意猶未盡！意猶未盡啊！

真想獨吞一顆蛋，一整顆完好的蛋！

「四個人分一顆蛋，實在不過癮。」阿海突然冒出這句話，大家都笑了。

「我也正在想這件事。」蘇蘇說。

「我們來約定一下，忍耐幾天，我們就有四顆蛋，足夠一人一顆，這個方法很棒吧！」凱文提議。

「好！」阿海附議。

妲雅和蘇蘇也表示同意。

「如果有四顆蛋，或許……」妲雅的想像裡浮現了四顆雞蛋，旋轉飛舞，一下子變成日式煎蛋捲、一下子變成美式炒蛋，一下子變成蒸蛋。

「娜娜女王，露露公主，今天，也請賜給我們好吃的雞蛋吧！」阿海更虔誠的對著母雞膜拜了。凱文和蘇蘇見了，忍不住放聲大笑。

一旁的妲雅也不由自主的雙手合十，對著母雞誠心祝禱：「麻煩你們了！」

四顆雞蛋！

好久好久，沒有這麼令他們期待雀躍的事情了。

打從來到這個島，蘇蘇的植物冒險就從沒間斷過。她陸續帶回了不同的野菜，以及替代地瓜做為主食的山芋頭。

妲雅不喜歡芋頭，吃起來雖然沒有什麼滋味，但有一種淡雅的香氣，不像地瓜甜膩，因此當主食，妲雅勉強可以接受。

而主要的鹹味來源，則是阿海到海邊拾回的蛤蜊。

妲雅很喜歡蛤蜊的味道，蛤蜊的鮮味，十分適合搭配其他食材。她喜歡把青菜和蛤蜊一起煮湯，解決沒有鹹味的問題。

只是，她好想嘗嘗酸甜苦辣各種不同的滋味，也想用油烹調出不同風味的料理，不只是水煮和火烤，這些渴望，日益頻繁的出現在她腦中。

此外，她的海水實驗，仍不斷進行著。火候、水量、時間、攪拌方式，一個人要操控這麼多變因，真是不容易，最困難的是得驅趕一直問東問西的阿海。妲雅想給大家一個驚喜，在成功之前，只能辛苦的保守祕密。

望著眼前的鍋子，這到底是第幾鍋了？

攪著攪著，她的手都快斷掉了。攪拌雖然費力，但最辛苦的部分是必須一直微調柴火，控制火力。

出現了！就是現在！

鍋中僅剩淺淺的水中沉澱出白白的東西，妲雅趕緊用鍋鏟不停翻炒。之前沒經驗，就這樣讓水燒乾了，東西都巴在鍋上，不僅有焦味也不好取下。

接著，要瀝乾剩餘的水分，利於保存。沒有濾網或篩子，妲雅苦惱了好久，終於決定犧牲自己的一件衣服，將煮出來的東西包起來，掛到外頭陽光晒得到的樹下，加快乾燥的速度。看著水一點一點滲出、滴落，妲雅不禁自我陶醉：「我真是太聰明了！」

STEP1
STEP2
STEP3
STEP4
STEP5

「那是什麼？晴天娃娃嗎？」阿海像隻好奇的貓，伸出手想去撥弄。

「喂！把你的髒手拿開！」妲雅氣急敗壞的拍掉阿海的手，「敢碰就要你好看！」

「小氣鬼！碰一下有什麼關係。」阿海的神情很受傷，「巫婆就是無情。」

「你說誰是巫婆？不行就不行！請尊重別人的隱私權好嗎？」妲雅情急之下火氣更大了。

兩人正吵著，蘇蘇回來了，手上捧著一大把花，當她靠近時，空氣中突然有一股濃郁的香氣。

「你們又在吵什麼？」蘇蘇早已見怪不怪。

阿海一股腦把事情說了一遍，要蘇蘇評評理，「你說，妲雅是不是很小氣！」

蘇蘇的眼神在兩人之間來來回回，最終停留在正滴著水的那一團東西上：「妲雅一定有她的理由，阿海應該耐心等。」

「你們是一國的，不公平啦！我要去找凱文哥！」阿海說完，氣嘟嘟的跑走了。

妲雅對著阿海露出贏家的笑容，轉頭回來，卻見蘇蘇將手上的花遞給自己。

妲雅先被迎面而來濃烈且怡人的香氣所吸引，接著驚豔於那如蝴蝶翩翩飛舞般的白色花朵。

「這是什麼花？好美！好香！」

「野薑花。我想你會喜歡。」蘇蘇露出淡淡的笑容，「花和根莖都可以食用，也許可以幫上忙。」

蘇蘇又從口袋掏出一塊沾了泥土的東西，「野薑花的塊莖。」

妲雅隔著花束看著蘇蘇，心頭熱熱的，不知為何，她的腦中出現了「朋友」這個詞，這是她以往沒有過的感覺。

「謝謝你，我很喜歡！」終於，她說出感謝了。

野薑花被妲雅悉心插在一個大陶罐裡，擺在桌上，整個山洞瀰漫著馥郁的花香。

聽說花可以入菜，妲雅感到十分好奇，盯著這美麗的白花許久，不知該如何動手。蘇蘇從狀似大型綠色麥穗的部分抽出一朵野薑花，交給妲雅；妲雅湊近鼻子仔細一聞，發現花瓣下方那很像棉花棒的細細管子，竟有著淡淡的薑味，不刺鼻，很好聞。

好像有什麼想法乘著這香味，飄進了她的腦中。

製作晚餐時，妲雅忍痛拔起了好多花，摘下了幾片葉子。

取來陶鍋，將野薑花的葉子鋪在底部。沒有油，妲雅想藉此避免巴鍋，同時增添風味。接著，將切成小片的野薑花塊莖和花朵塞進清洗好的魚肚子裡，整齊排放在葉子上；最後在一旁放入蛤蜊和切片的鳳梨，佐以鹹味和酸甜，淋上一點泉水，預防燒焦，蓋上鍋蓋，燜煮。

新的食材和烹調方式，讓妲雅有些擔心，畢竟要控制柴火的火力不是容易的事，幾次把食物燒焦的經驗，更在她心裡留下陰影。但想要嘗試的欲望熊熊燃燒著，她決定放手一搏。過程中，妲雅幾次不安的掀開鍋蓋查看狀況，當水氣和香味從鍋沿裊裊上

RECIPE 5

野薑花煮魚

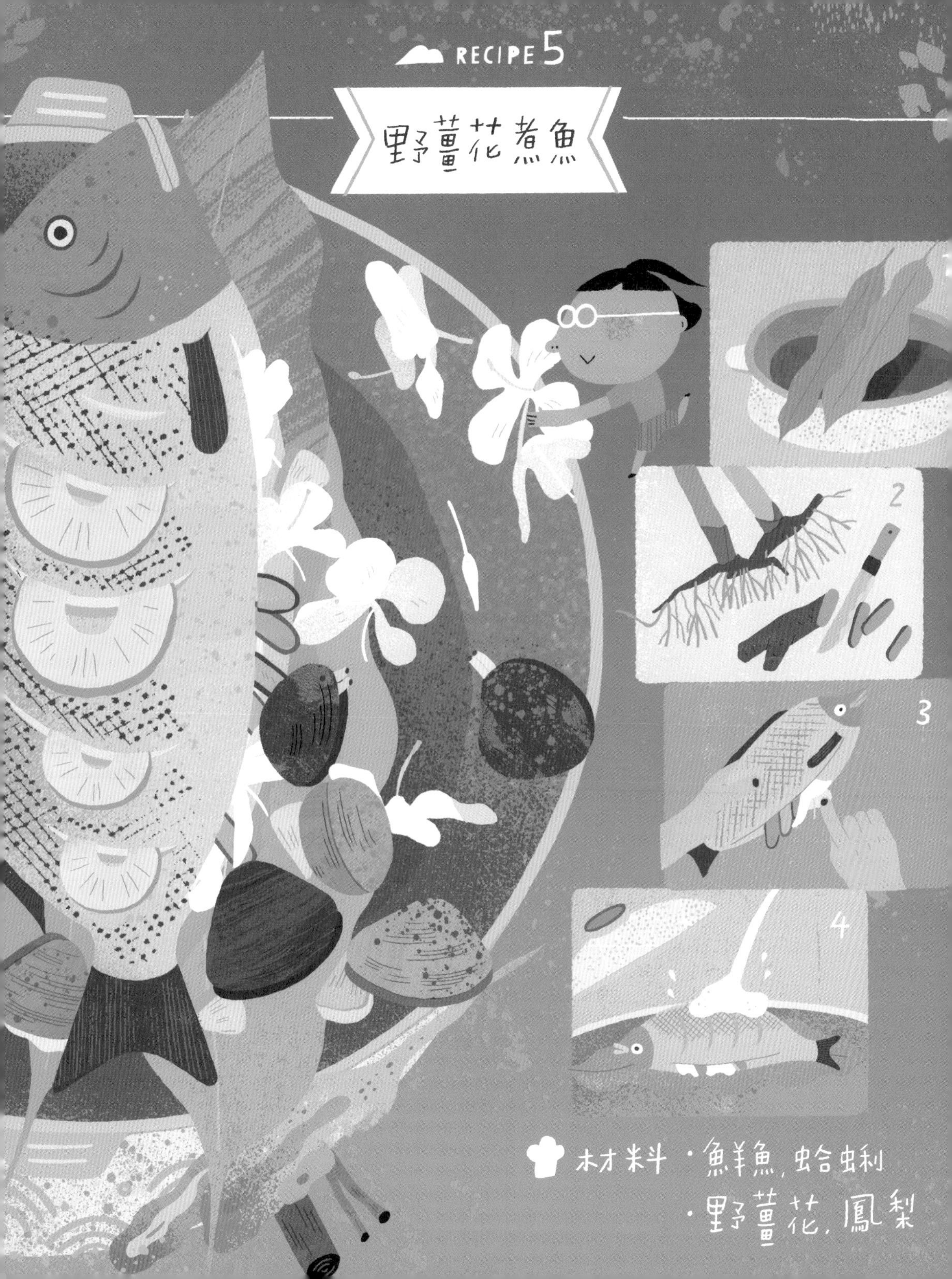

材料
・鮮魚, 蛤蜊
・野薑花, 鳳梨

升，她露出滿意的笑容。鍋子離火前，妲雅放入幾朵新鮮的野薑花，利用蒸煮出來的湯汁澆淋一下，頓時香味撲鼻。

「媽呀！這是什麼五星級的料理呀，也太美太香了吧！」阿海早就氣消了，現在整個眼裡、心裡，還有腦子裡只有美食。

野薑花風味煮魚，蒸山芋，鳳梨過貓沙拉，便是這天的晚餐。

煮過的鳳梨多了一股熟成的甜味，酸甜滋味和蛤蜊的鹹鮮融合得十分完美，野薑花的香氣混合在湯汁中，滲透到魚肉裡，四個人完全沉浸在魚的美味中，甚至還搶食鍋底的湯汁，拿它來配芋頭吃呢！

每天，阿海起床第一件事情，就是去看母雞們有沒有下蛋。

每天，憑著對雞蛋的期待，阿海得以度過想家的漫長夜晚。

每天，娜娜和露露彷彿懂得阿海的心事，都下一顆蛋，真令人感動。

「太好了！我們有四顆蛋了。」阿海歡呼。「妲雅，我們今天吃什麼！」

不知道從何時開始，阿海每每天都要問幾次同樣的問題。突然意識到這一點，妲雅忍不不住笑了出來。

想到今天有四顆蛋，可不是一個普通的日子，的確得要慎重料理。

其實，她沒有一天不在思考怎麼料理這四顆蛋。

怎麼樣才能讓大家盡可能吃得滿足呢？

因為只有四顆蛋啊。

沒有油，沒有辦法炒蛋、煎蛋，能料理的方式不多。每個人吃一顆水煮蛋也不錯，卻又好像不夠特別。

妲雅的筆記本裡，寫了各式各樣的食材組合，還有烹飪方法。

她想起了那天利用鍋子半蒸半烤雞肉絲菇的方式。

蒸蛋！這樣一個人可以吃到的蛋感覺比較多一點，也方便平均分配。

可是沒有電鍋，要怎麼蒸呢？

「在鍋子裡煮水，再擺上陶盤，這樣應該可行。」妲雅在腦海中想像料理過程。

妲雅回想起自己吃過的蒸蛋，幾乎都加入了海鮮提味，現在有的食材，也就是蛤蜊了！

加多少水呢？傷腦筋，之前烹飪老師曾經說過，蒸蛋、蛋豆腐、布丁，添加的水量都不一樣，妲雅當時認真記在她的美食筆記中，因為沒有自己動手做過，記憶早已模糊不清了。她只好憑著感覺打了蛋，添加了水，放入蛤蜊。

這個「食驗」會成功嗎？

掀開蓋子，蒸蛋的表面看起來凹凹凸凸的，滿是氣孔，顏色也不均勻，和日式餐廳的光滑蒸蛋比起來天差地遠。但是大家還是聞到了美好的、蛋的香氣。

雖然分量不多，大家仍是相當珍惜的，呼呼吹的吃。

「好好吃喔！」蛋的美味真是無與倫比。

「好想再多吃一點！」不同的嘴裡竟蹦出同樣的感慨。

但妲雅對於這次的成果不太滿意，心裡想著：還能怎麼做才能讓蒸蛋更好吃呢？

除了蒸蛋，妲雅每天還掛念著她的實驗結晶。這天，她照例又去查看，伸手捏了捏，已是十分乾爽的觸感，她趕緊把衣服布包從樹上解了下來。

攤開時，裡頭潔白的顆粒輕輕流瀉而下，妲雅顫抖著手，沾起一些晶瑩又潔淨的顆粒仔細端詳；在她的眼中，這些顆粒遠比鑽石還要耀眼。

當手尖純白的顆粒觸碰到舌尖，是了！就是這個味道，是她魂牽夢縈的鹽！她終於成功了！

晚上，妲雅不動聲色，偷偷在烤魚前，在魚身上抹上鹽巴。開飯時，妲雅不停偷瞄其他人的表情。

「呸呸，好鹹！」不知情的凱文，吃下第一口被嚇了一跳。妲雅的臉一下子刷白了——結果竟弄巧成拙，變得太鹹了嗎？這實在太沒有面子了。

「好好吃！」凱文回過神來，「是鹹味耶！可是又不是調味包的味道。」

「是鹹的，好好吃啊！」阿海大口吃著烤魚。

「怎麼會有鹽巴呢？」凱文仍舊處在吃驚中。

「莫非，是你掛的晴天娃娃？」阿海恍然大悟：「所以你取海水就是要煮鹽，哇！主廚祕製手工海鹽，好強喔！」

蘇蘇一邊安靜的吃烤魚，一邊不斷點頭。

「太厲害了！」凱文看著妹妹，感到又驕傲又驚訝。

妲雅叉著腰，揚起下巴，露出神氣的笑容。

吃到有鹹味的烤魚，大家無比開心。沒想到，只是多了鹽，魚的味道竟然變得更鮮美。

此後，只要一有空，妲雅就會守在鍋子旁，就像一個烹煮魔藥的魔女，她迷上了煮鹽。有了像是具有魔法的鹽巴，食物的滋味被提升到另一個層次。這是以前妲雅從沒察覺到的，鹽的滋味。

轉眼，又是一起吃蛋料理的日子了。

一早，阿海就把娜娜和露露今天剛下的蛋，小心翼翼送到妲雅面前。四顆蛋安安穩穩躺在陶缽中，像四顆美麗的寶石，大家看得目不轉睛。

「今天要怎麼吃呢？」阿海看著妲雅的眼神閃爍著小星星。

「有什麼新的想法嗎？」凱文怕給妹妹壓力，卻又知道妹妹不服輸的個性。

「哥，可以麻煩你幫我用竹節做五個這樣大小的器皿嗎？」妲雅邊說，邊用手比了一個直徑約七、八公分的圓。

「你是說像杯子一樣？高度呢？」凱文很開心有這個工作。

「就像一般的飯碗。」妲雅說，「我還需要竹筍。」

「好，我跟凱文哥一起去。」蘇蘇回答。

「阿海，我們去摸蛤蜊吧！」妲雅轉身下達命令。

「Yes！Chef！」阿海馬上準備好陶罐出發。

等備齊了材料，妲雅先煮好一鍋筍子，取出放涼，留下鮮甜的筍子湯。

接著，利用部分筍湯煮蛤蜊，當所有的蛤蜊殼一打開，馬上取出蛤蜊肉放在一旁備用。

這些步驟，耗時費工，平時暴躁的妲雅非但沒有不耐煩，還輕輕哼著歌。

最後，妲雅斟酌筍子蛤蜊湯的味道，加入自製海鹽，調和成蒸蛋用的高湯。

「光是這個湯就很好喝了吧！給我喝一口嘛，Chef！」

阿海裝可愛，跟妲雅撒嬌。

「不行！」妲雅翻白眼，撇開臉偷笑。

調好的高湯和充分攪拌均勻的蛋液混合，注入凱文製作的竹子器皿中，再放入蛤蜊肉，便可以下鍋蒸了！

蓋上鍋蓋的那一刻，大家不禁佩服起妲雅的巧思。

「妲雅真是有模有樣呢！」凱文真以妹妹為榮。

快蒸好的時候，鍋緣冒出一縷縷白色蒸汽，蒸騰著融合雞蛋、蛤蜊、竹子的迷人香氣，每個人都忍不住掀著鼻子用力吸氣。

「太好了，今天又有新的大菜！」阿海說，「妲雅的招牌菜越來越多了呢。」

「哼哼。」妲雅得意微笑。晚一點的時候，她會在筆記本裡，為自己的蛤蜊蒸蛋打上五顆星，標記「主廚招牌菜」。

一分蛤蜊蒸蛋，雖然還是無法大快朵頤，但它濃郁滑順的口感，療癒了每個人。

荒島生活讓他們狼狽又卑微，每日光為了生活瑣事、備好三餐，就忙得灰頭土臉，焦頭爛額，時不時還會切傷燙傷。令人更沮喪的是，當忙碌過後，遲遲等不到救援的焦慮，又會腐蝕他們好不容易建立起來的信心。

RECIPE 6

筍香蛤蜊蒸蛋

材料

- 竹筍
- 蛤蜊
- 雞蛋

就在摸索荒島，跌跌撞撞的生活中，只要美味的食物入口，一切的辛苦、困在荒島的不安，就能得到慰藉，並給予他們前進的勇氣。

深切的意識到這點，妲雅暗中下定決心，必須盡力認真料理每一餐。

凱文留意到這一陣子以來，阿海的話似乎少了許多，音量，大概只剩以前的一半，搞笑動作也沒了，缺乏以往的活力。

仔細一看，他的下眼袋像兩隻黑色的大肚魚。

「阿海，你身體不舒服嗎？」凱文關心的問。

「其實……」阿海吞吞吐吐了半天，才勉強說出口，「我有敏感體質。」

「敏感體質？」凱文不太理解，「你過敏嗎？」

「我晚上都睡不著。」

「喔，是失眠。」

「不是啦，我很怕後面山洞裡的大陶罐。」阿海越說越小聲，「直覺告訴我，裡面一定有不屬於這個世界的東西。」

「喔——原來如此。」

經過一陣子的適應，凱文還以為每個人都已經調適得差不多了。就連最會抱怨的妲雅，也看似習慣了洞穴的生活。

「我也想不要怕，但就是覺得不對勁。」阿海說，「而且我總覺得有人在暗中監視我們。」

「不會有這種事啦！」凱文心疼阿海，想來他每天睡不好，身體一定很疲累，恐怕累到都產生幻覺了。

「真的，我不敢跟女生們講，怕她們會笑我。」阿海說，「我家人都說我的八字輕，比較容易感應到不好的東西。」

「笑你什麼？」身後傳來妲雅的聲音。

「哇！」

說巧不巧，妲雅不知何時已在一旁，聽見了他們的對話。

「沒什麼……」

「我聽到了，你們在講什麼監視、不好的東西喔！」妲雅不肯放棄。「而且我發現你半夜都會發出嗚嗚啊啊的怪聲，害我睡不好。」

這下麻煩了，凱文心想。

凱文要妲雅找來蘇蘇，一起開會。

「後面的陶罐是不是讓大家很不安心呢？」凱文問。

蘇蘇、妲雅和阿海看了看彼此，都點了點頭。原來，平時雖然看不出來，但其實每個人都在忍耐。

「再這樣下去，大家可能都會受到影響。」凱文說，「心裡不安，很容易生病的。」

其實，阿海最害怕的不是陶罐，而是怕因此發生什麼不好的事而回不了家。他每天夜裡都緊握著胸前的護身符祈求神明保佑，讓大家早點回家。

「所以……哥哥想怎麼做呢？」妲雅怯怯的問。她從一開始就覺得洞穴和陶罐超陰森，要不是自己的哥哥就在身旁，她根本無法安心。

「我推測這裡仍是唯一適合我們生活的地方，」凱文穩住自己的聲音，「我來確認陶罐裡是什麼吧！這樣才知道接下來該怎麼做。」

「咦？不好吧！」妲雅第一個反對。

「凱文哥，我也一起。」蘇蘇說。

「什麼？不會吧！」蘇蘇也想打開，真教妲雅不敢相信。

「不確認，就永遠疑神疑鬼。」蘇蘇說。蘇蘇雖然最怕落單，但其實她原本不太相信鬼怪一類的事，可是身處荒島，加上阿海和妲雅的恐懼，也讓她越來越感到不安。她不喜歡這樣。

「嗯，我也這樣想。」凱文點點頭。

「好吧，好像有道理。」阿海的眼神不斷在凱文、蘇蘇和妲雅之間游移。

「好！就這樣決定了。」凱文做出決斷。

由凱文領頭，四個人懷著忐忑的心情，再度來到後方的山洞。陶罐依舊靜靜的立在原地，卻散發出令人窒息的氛圍。

「好，要打開了喔！」凱文說。

「等等等等……等一下！」事到臨頭，阿海又退縮了。「要是一打開，裡面裝的是、是、是……」

妲雅也不發一語，神情緊張得皺起眉頭。

諾諾站在一旁，用一種看熱鬧的眼神看著大家，似乎以為大家要玩什麼遊戲。

「如果是什麼會令人害怕的東西，我們就把蓋子封回去，並且誠心道歉，馬上搬離這個山洞。」凱文說，「不過我們來這麼久了，一直都很平安，我的病還是在這裡好起來的，我相信如果這裡有神靈，祂是一直在保佑我們的。」

凱文的話似乎起了作用，每個人都靜靜點了點頭。

可惜，事情哪有那麼簡單，在這樣詭異的氣氛下，凱文雖然伸出了手，卻也沒有足夠的勇氣立刻打開。這種時刻，凱文竟想起了爸爸和媽媽，他這才意識到，爸媽一直以來為他承擔了不少的辛苦和困難。

原本在旁邊好奇望著大家的諾諾，突然站了起來，把身體搭在大陶罐上，陶罐頓時倒向一旁。

「哇——」四個人想都沒想，身體做出反應，接住了微微傾斜的陶罐。

呼，在千鈞一髮之際，大家及時接住了陶罐，否則不知道會發生什麼事。

「吼，諾諾傷腦筋耶你！」阿海哭笑不得的看著諾諾，不知該不該生氣。

「哇，我的手，沾到東西了！」話還沒說完，阿海突然失控尖叫，「我中毒了、我中毒了！」

「啊——」妲雅也發出尖銳的慘叫，「我也被沾到了！啊——我的腳也有！」

「嗚……」凱文沒叫出聲，但他感覺到自

己的手也有溼滑的觸感。

只有蘇蘇，因為站在凱文後方，他穩穩扶助罐子，才沒讓蘇蘇沾到罐子裡的液體。

蓋子明明沒有打開，可是裡面的東西因為傾倒滲了出來。

「哇啊！要死了！怎麼辦？」

阿海和妲雅被恐懼支配，依然不斷慘叫著。

「等、等等！」蘇蘇蘸了一些流出的液體，嗅了嗅，陷入了沉思，「這是……油？」

「什麼？」凱文聽見了，望向蘇蘇。

「應該不會錯。」蘇蘇說。

「你確定，這不是毒液，還是用來浸泡什麼……ㄕ……遺、遺體之類的東西嗎？」妲雅問。

「諾諾！」阿海大叫。

原來，正當他們陷入慌亂的討論時，諾諾已經舔著罐身流出來的液體，而且還舔得津津有味。

「喂，諾諾，不可以！」妲雅試著想把諾諾拉開，但諾諾依然故我吃得很香，不動如山，彷彿妲雅根本不存在。

「嗚嗚——諾諾——」阿海感傷得啜泣起來。

妲雅和凱文也是一臉慘白，呆立在原地。

「我想，這是苦茶油沒錯！」這液體的特殊氣味喚起了蘇蘇的記憶。

「苦、苦茶油？」

凱文憋住一口氣，下了決心，掀開蓋子，用手電筒一照！

只見手電筒照射下的陶甕裡，清澈如水。

並沒有看到任何他們幻想中的可怕東西，凱文鬆了一口氣。

儘管蘇蘇說這是「苦茶油」，他們還是先去把全身都洗個乾淨，真的像油一樣，好難清潔！

妲雅冷靜下來一想，的確沒有聞到任何臭味或者可疑的氣味。這味道她依稀有聞過，但不太確定。

過了半天，諾諾一樣活蹦亂跳，活力十足，讓大家稍稍安心了。

「究竟是誰，把油儲存在這裡呢？」蘇蘇想著。

「這裡該不會本來是儲油的地方，」蘇蘇說，「後來忘了拿走的？」

「不管怎麼說，裡面放的是苦茶油，不是什麼可怕的東西，真是太好了。」此時阿海的臉彷彿年輕了好幾歲，從之前憂鬱疲憊老伯伯，變成了笑咪咪的光滑小阿弟。

「我記得之前不是還有人說，自己的感覺超靈敏，裡面一定是什麼……」

「我說的悄悄話都被你聽到了！」原來自己向凱文吐苦水時，妲雅聽到的內容比想像的還多。

「如果是油的話，或許……」妲雅腦筋的迴路不知不覺切換成大廚模式，把之前的擔心都屏除在外。

「先借用一點，應該沒關係吧！」凱文說，「相信對方一定可以理解我們處境的！」

「另外，這裡有人儲存食物，就代表有人會來到島上！我們就能夠得救了！」想到這裡，每個人心中的陰霾一掃而空。

在哥哥點頭同意下，妲雅迫不及待使用了罐子裡的油。

油之威力

為了方便使用，四人設法將油分裝到一個小陶罐裡。這油澄澈金黃，還有獨特的香味。

有了油，就能炒蛋、炒菇、炒菜、炒筍子、炒蛤蜊、煎魚，甚至炸地瓜。而且，也不容易巴鍋了！

今天剛好是吃蛋日，妲雅決定先來個野薑花烘蛋。

大家興沖沖採來大把新鮮芬芳的野薑花，先將盛開的花抽出洗淨備用；接著把塊莖切成薑絲，在油裡爆香。

油的香味瞬間炸開，把四周變成了香噴噴天堂。

「媽呀，超香的呀！我受不了了！」阿海才聞到油爆薑絲的味道就口水直流。

久違了！美妙的油香！妲雅陶醉不已。

等薑的氣味釋放到油中，將打勻並調好味道的蛋液倒入鍋中，充分攪拌至蓬鬆；趁著蛋液尚未完全凝固時，把野薑花鋪滿蛋的表面後翻面。蛋香、花香、油香一起在空氣中華麗共舞。

烘得金黃香嫩的野薑花烘蛋盛在陶盤中，凱文用鍋鏟切分成五分，熱氣和香氣從切口不斷升騰出來，惹得大家直吞口水。

「開動了！」

蛋因為有了油的滋潤顯得鬆軟又帶點酥嫩，野薑花則帶來了蔬菜的脆度，好吃得讓人差點咬到舌頭。很久沒有吃到足夠的油脂，每個人覺得今天吃得飽足，體內充滿了前所未有的能量。

當天晚上，洞穴廚房裡充斥著油在鍋中舞動的歡樂聲響，他們決定奢侈的用一些油來炸地瓜。為了不浪費這夢幻的油品，便將地瓜切成約三公厘左右的薄片，用少許的油半煎半炸，油中的地瓜像一隻隻金黃色的魚，噗吱噗吱的翻動著；炸出來的地瓜片，完全呈現出地瓜緊實鬆綿的質地，讓人一片接一片。

RECIPE 7
烘蛋佐茶油野薑花
STEP 3
STEP
STEP 4
STEP 2
材料
• 油，雞蛋
• 野薑花

在阿海的要求下，妲雅還煎了魚。用鹽稍稍醃漬過的魚，加上了油煎，馬上讓大家想起了家中煎魚的味道。

「嗚——如果能來碗白飯就好了！」阿海想起了家中日常的每一餐，聲音有些哽咽。

妲雅還用鳳梨汁、鹽和油調出了沙拉醬，原本澀口的過貓頓時變得圓潤爽口，一盤過貓沙拉馬上盤底朝天。

加了油的料理，果真不同凡響！小島美食從今以後，邁入新紀元啦！

平時總是安靜沉穩的諾諾，最近很不尋常。不時抬頭望向高處，有時還會齜牙咧嘴吠叫幾聲。這座山林的動物都很溫和害羞，諾諾和牠們彷彿是老朋友，即使看到其他的動物也不會隨意出聲。在這裡，諾諾就像回到自己家一樣自在。

「諾諾怎麼啦？」每當諾諾躁動不安，蘇蘇會輕聲安撫牠。

「樹上有什麼嗎？」

「或許是鳥吧？」

島上的確有各形各色的鳥兒，可是從來也沒有見過諾諾這樣的反應呀？

也因為近日諾諾時而不安的躁動，讓大家覺得不太對勁。但是無論他們怎麼找，都找不到任何可疑的事物。

有時候蘇蘇和凱文要帶諾諾出門，諾諾竟不願意。儘管蘇蘇和諾諾常常心意相通，但最近她實在猜不透諾諾的舉動。

諾諾的異常，也搞得阿海和妲雅又開始疑神疑鬼。

這幾天開始，夜裡諾諾有時甚至會對著漆黑的夜空嚎叫，讓妲雅因害怕而抱怨。儘管諾諾總在蘇蘇的安撫下不再出聲，仍舊時時不安的站起身來。

幾天後，發生了更糟糕的狀況。

這天，妲雅煮完午餐，到附近採花回來後，發現擺在桌上的食物不見了！

「阿海，你又偷吃喔！」妲雅怒問在桌子旁整理釣具的阿海。

「我？我沒有啊。」

「騙人，那放在桌上的煎魚呢？」

「怎麼會？」阿海趕緊看向餐桌，盤子裡果真空無一物。

「為什麼懷疑我？」阿海拚命睜大他的小眼睛，想要看起來無辜一點。

「這裡就只有你在啊！」妲雅用犀利的眼神審問阿海。「而且你曾經偷吃被我抓包過！」

「唉，你聞聞看，我手上嘴巴都沒有魚的味道啊。」妲雅的眼神像要把他穿出洞來，阿海幾乎要放棄了。

「汪！汪！」蘇蘇和凱文剛從竹林回來，諾諾突然火速衝回洞口，開始對著樹上不斷吠叫。

「難不成，這裡有猴子？」阿海環顧四週的樹木，搜尋著可疑的身影。

「猴子？這裡有猴子嗎？」妲雅說。

當凱文和蘇蘇一走到洞口，阿海立刻報告自己被冤枉的事。

「汪！汪！」諾諾一邊叫，一面轉圈圈，似乎想要說明什麼。

「可是猴子有這麼厲害，完全不見蹤影、不留下痕跡嗎？」妲雅說話時看著阿海，還是懷疑這「猴子」就是阿海。

大夥兒推理了半天，仍舊找不到合理的答案，諾諾卻安靜下來，有些頹喪，夾著尾巴坐下。

「莫非……有鬼！」阿海抖著聲說。

「鬼你個大頭啦！」妲雅最怕鬼，聽到阿海說到她心中也在想的鬼，馬上緊張得翻臉。

「冷靜一點。」凱文這句話不只是用來安慰孩子們，也是安慰自己。「不要怕，也許這只是偶發事件。在這山野中，有什麼野生動物偷吃，也不奇怪。」

接下來的幾天，阿海異常小心，絕對不單獨接近食物。然而，仍是接二連三發生了食物失蹤事件，詭異的是，現場沒有留下任何足跡、毛髮，甚至一點食物的殘渣也沒有。

諾諾拚命的想表達什麼，但他們卻弄不清楚，反而覺得事情越來越離奇。

難不成真的有鬼……

「莫非我們用了罐子裡的油，觸怒了山神還是什麼的……」

妲雅臉色發白，「我們真不該亂動的！」

「先冷靜下來。」凱文知道妲雅發起來就難辦了，「總之，我們再找找看，也許漏了什麼線索。」

夜裡，他們在洞穴裡，壓低聲音，討論起這件事。

「我們先別慌，仔細想想有哪裡不對勁。」凱文開了頭。

「有沒有發現，每次不見的，都是食物？」蘇蘇說。

「真的耶！」阿海驚呼。

「對耶。」妲雅也感到吃驚。

「而且都是午餐。」

「還有，都是諾諾不在的時候。」

「聽說，有些動物非常靈敏聰明，不如……」凱文示意大家靠近，用非常細微的音量說明了他的想法。

隔天，大家都沒出門，陪著妲雅一起做了幾道香噴噴的好菜。

「托大家的福，今天午餐提早完成了。」妲雅開心的說，「時間還早，我們去採點花吧！」

「嗯！先動一動也不錯，胃口會更好。」阿海說。

蘇蘇和凱文也表示同意。

只有諾諾，從妲雅還在做飯的時候，就躁動不安，而且也不願意跟他們出去，在蘇蘇多次的叫喚之後，才跟上隊伍。

他們有說有笑，打打鬧鬧，往山裡去。

其實，他們並沒有走遠，繞了一小段路後，再走另一段路回來，躲在樹叢裡，偷偷觀察。

剛剛那些是大夥兒合演的一齣戲，這是凱文精心設計的路線和地點，從洞穴那頭絕對無法發現他們。

儘管如此，他們的心還是緊繃到了極點！

過了好一陣子，沒有任何動靜。

「會不會是被看穿了？」阿海的表情寫滿了急躁。一旁的妲雅也因害怕而焦躁不安。

「再等一等。」凱文用手勢要大家稍安勿躁。

蘇蘇摟著諾諾頸子，牠似

乎理解了狀況，不再躁動。

啊，來了！

嗚哇！那是什麼？他們沒有看見猴子，也沒有看見任何飛鳥和野獸，更不是人類，但眼前的景象實在太驚悚了！

桌上的食物竟飄浮到半空中，接著一點一點憑空消失了！

大白天看到鬼，跟晚上看到鬼，一樣很恐怖啊！

「爸爸媽媽，阿公阿媽，嗚——」恐懼到了極點，每個孩子都不由自主想起了最親愛的家人，渴望躲在他們的懷裡，而不是在這恐怖的荒島上！

凱文也感到十分驚恐，但這時候，他明白自己是這些孩子的支柱。儘管眼眶泛出淚來，他仍舊逼自己盯著這詭異的一幕，一個念頭浮現心頭，讓他亂了方寸——

難道，在擅自打開陶罐，取用油品的同時，也揭開了某種妖物的封印嗎？

第二部結束

蛤蜊魚湯
木瓜
香蕉
蛤蜊吐沙
野薑花
涼筍
打蛋
水煮蛋
莧菜

烤魚抹鹽
GRANOLA
竹筍地瓜
穀片沙拉
烤菇
炸地瓜
山芋
野菇蔬菜湯

妲雅的荒島食驗筆記

我已經記不得到這個島幾天了，日子過得很快也很慢，快到光煮飯就過了一天，而救援的人遲遲不來，就覺得時間也跟著作怪，把日子變慢了。

幸好，我還有這小本本，靜靜的陪著我罵人（噢，是比較嚴厲的評價），陪我記錄煮東煮西的日子。

雞肉絲菇

繼過貓之後，又有一種食材以動物來命名了。和過貓不一樣的是，過貓吃起來沒有貓味（天曉得什麼是貓味，話說回來，貓咪這麼可愛誰捨得吃？），雞肉絲菇吃起來，真的

有種雞肉絲的味道和口感呢！

蘇蘇說，這種菇菇通常出現在大雨過後的草地，而且是一種長在特定白蟻巢上的蕈菇，算是一種共生關係。我害怕白蟻，但是現在真的很感謝牠們，才有好吃的菇菇。

野莧

偷偷說，我曾經懷疑過蘇蘇是不是真的這麼厲害，三天兩頭就從山裡抱著來路不明的雜草回來，有時我都擔心會吃壞肚子。最煩的是，她還會附贈挑菜教學。

雖然覺得她很雞婆，但我也是聽了之後才知道，原來菜有沒有挑過，真的會影響口感。

蘇蘇說，野莧生長在田間或路旁，是很常見的野菜。她以前和家人去露營時，都會摘來汆燙後，直接淋上醬油，就是一道清爽的蔬菜了。真的有這麼好吃嗎？真想試試。

海水煮鹽

臭阿海，老說我是巫婆，我才不是。如果我是巫婆，早就施展魔法，帶大家回家了。這個荒島我一天都不想多待，好嗎！

用海水成功的煮出鹽，是我到這個島上，第一件憑著自己的觀察和實驗完成的事情。在這之前，我總是把所有事情視為理所當然，完全沒想過這些東西從何而來——直到煮出了鹽巴。

這種和食物有關的實驗，實在太有趣了！

但是，老天爺啊，我們商量一下，我保證回家後會繼續嘗試各種實驗，可以放我回家了嗎？拜託拜託！

蛤蜊

為什麼我就是摸不到蛤蜊呢？真氣人。但多虧有了蛤蜊，讓我可以充分利用牠們天然的鮮味和鹹味，簡直就是萬能調味救星！（這段話可不能被臭阿海看見，不然他屁股會翹到天上去！）

野薑花

野薑花的味道還真是讓我驚豔耶。花香中竟混和了薑的氣息，沒想到會這麼好聞！插在瓶子裡，過了三天竟然還那麼香！對於本大廚來說，高雅的香氛無疑為我的餐廳大大加分。

不只如此，花的顏色白得很優雅，整棵植物幾乎都能吃，根本就是全方位的無敵食材，就像本小姐一樣內外兼具。

嗯，我越來越覺得增加植物知識對一個大廚來說非常有用，回去我也要好好來鑽研一番，這樣就不必老是靠蘇蘇當顧問啦！

的食驗筆記

年　月　日

今天要煮的菜：

會用到的食材：

處理食材要注意的事：

預計怎麼煮：

同一道菜我還想這樣做：

家人評分：

自己評分：

故事 ++

荒島食驗家 2：野薑花煮魚

文　王宇清
圖　rabbit44

社　　長　陳蕙慧
副總編輯　陳怡璇
特約主編　鄭倖伃、胡儀芬
責任編輯　鄭倖伃
美術設計　貓起來工作室
行銷企劃　陳雅雯、尹子麟、余一霞

出　　版　木馬文化事業股份有限公司
發　　行　遠足文化事業股份有限公司（讀書共和國出版集團）
地　　址　231 新北市新店區民權路 108-4 號 8 樓
電　　話　02-2218-1417
傳　　真　02-8667-1065
Email　service@bookrep.com.tw
郵撥帳號　19588272 木馬文化事業股份有限公司
客服專線　0800-2210-29

印　　刷　凱林彩色印刷股份有限公司
2022（民 111）年 2 月初版 1 刷
2024（民 113）年 1 月初版 7 刷
定　　價　350 元
ISBN　978-626-314-118-6
　　　978-626-314-116-2 (PDF)
　　　978-626-314-117-9 (EPUB)

國家圖書館出版品預行編目 (CIP) 資料

荒島食驗家 . 2, 野薑花煮魚 / 王宇清文 ; rabbit44 圖 . -- 初版 . --
新北市 : 木馬文化事業股份有限公司出版 : 遠足文化事業股份有限公司發行 , 民 111.02
200 面 ; 17x21 公分 . -- (故事 ++ ; 2)
注音版
ISBN 978-626-314-118-6(平裝)
1. 科學實驗 2. 通俗作品
303.4　　110022267

Salad
dressin